Einstern

2

Themenheft 1

- Die Zahlen bis 100
- Muster, Reihen, Wege
- Sachaufgaben Teil 1
- Symmetrie

Erarbeitet von Roland Bauer und Jutta Maurach

In Zusammenarbeit mit der Redaktion Mathematik Grundschule

Cornelsen

Inhaltsverzeichnis

Lernportion 5 Sachaufgaben – Informationen entnehmen und darstellen

Lernportion 6 Symmetrie

1 Bündle erst 10. Trage dann in die Stellentafel ein.

a)

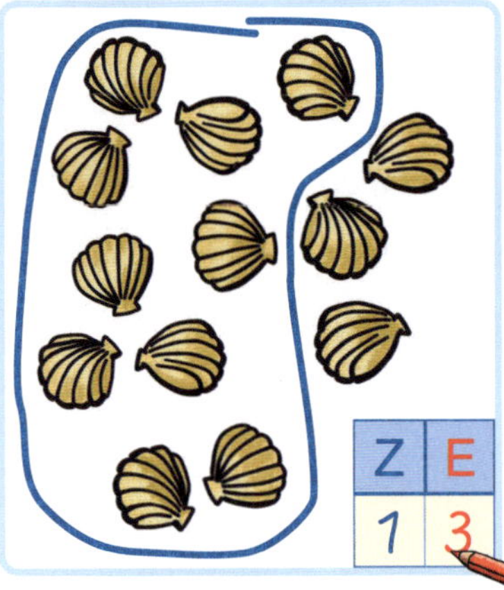

Z	E
1	3

Z	E

Z	E

b)

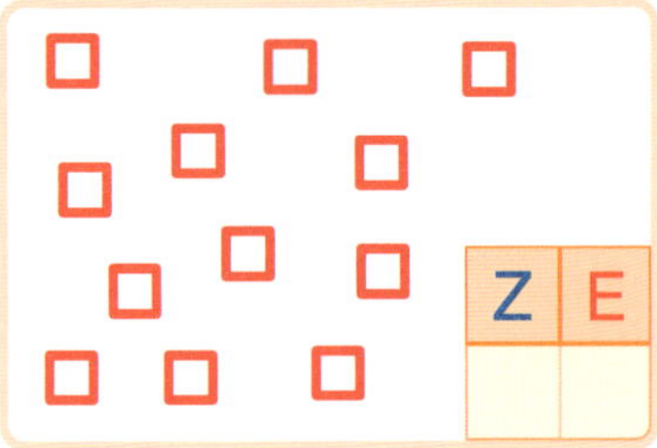

Z	E

Z	E

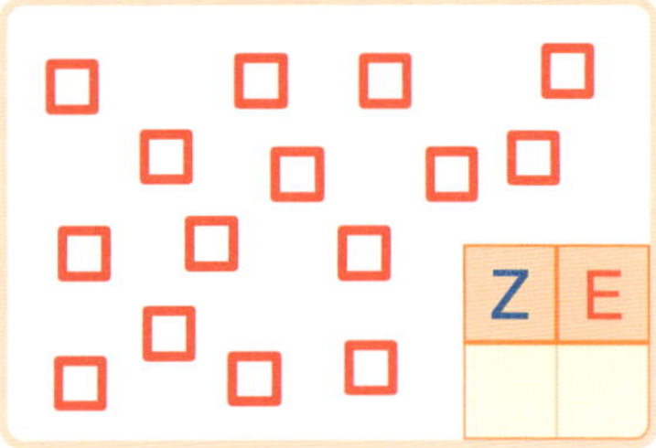

Z	E

2 Schreibe als Zahl.

a)

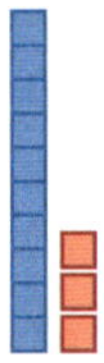

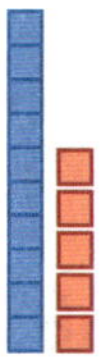

b)

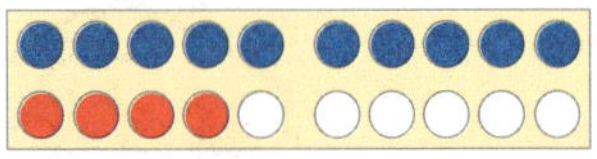

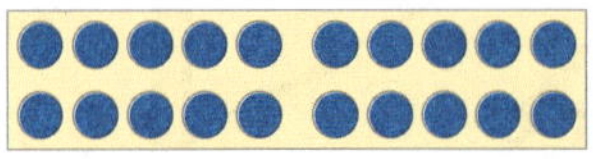

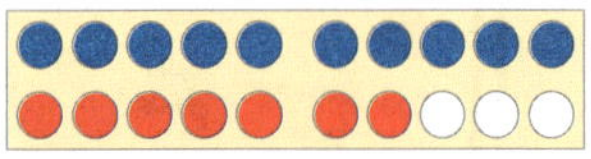

c)

Z	E
1	6

Z	E
1	9

Z	E
1	8

3 Löse die Aufgaben.

a) 10 + 3 = ☐
10 + 6 = ☐
10 + 9 = ☐

b) 10 + ☐ = 15
10 + ☐ = 18
10 + ☐ = 10

c) 10 + ☐ = 14
10 + 1 = ☐
10 + ☐ = 17

★ zu 10 bündeln und Anzahl in der Stellentafel notieren
★ verschiedene Zahldarstellungen im Zahlenraum bis 20 wiederholen und üben
★ Aufgaben zur Zahlbildung wiederholen und üben

1 Besprich mit einem anderen Kind,
was in den einzelnen Abbildungen dargestellt ist.

2 Finde selbst Beispiele und präsentiere diese in der Klasse.
Du kannst 100 Gegenstände zusammenstellen, zeichnen oder fotografieren.

★ Vorstellungen zur Zahl 100 aufbauen ★ **SF:** Darstellungen zur Anzahl 100 beschreiben
★ **MK:** eigene Beispiele finden, recherchieren, zeichnen, fotografieren, zusammenstellen und in einer Ausstellung präsentieren

1 Zehnerzahlen erkennen und darstellen

1 Suche dir ein anderes Kind. Nennt euch abwechselnd Zehnerzahlen. Legt sie mit Zehnerstreifen.

2 Schreibe zu jedem Bild die passende Zehnerzahl auf.

a) 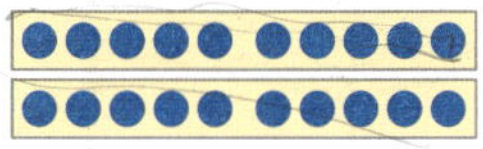

20

b) 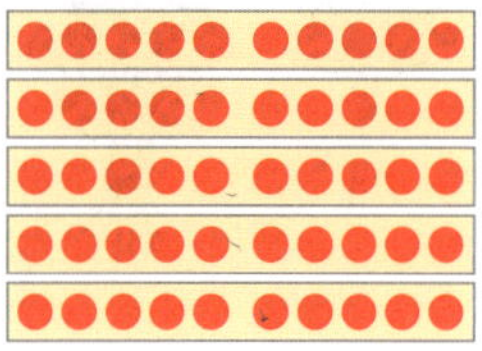

50

c) 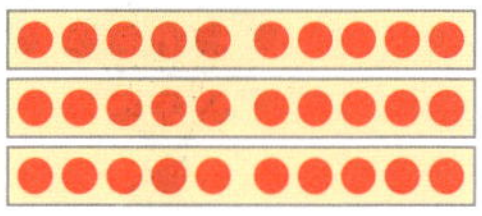

d) 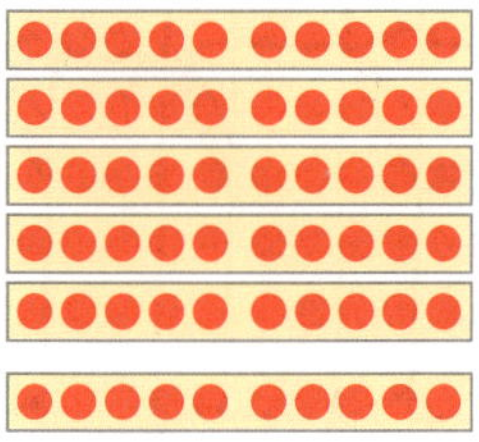

e) 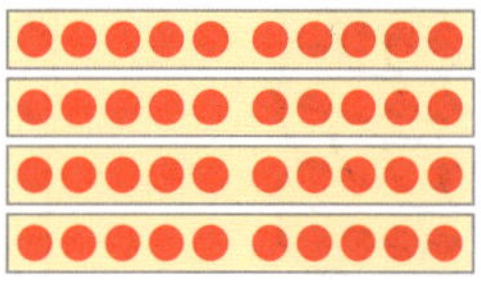

f) 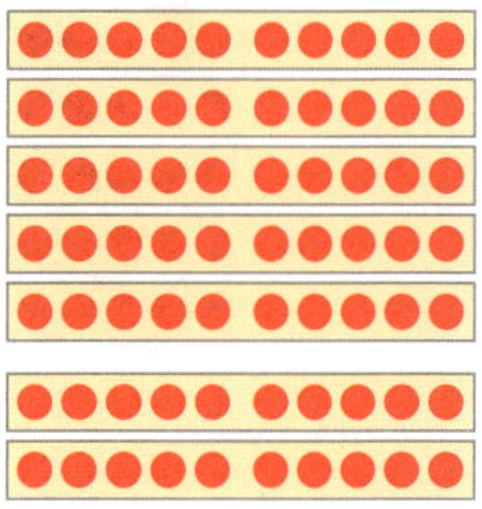

3 Zeichne zu den Zehnerzahlen Bilder.

a) 

70

b) 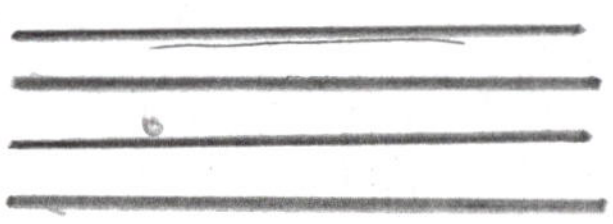

40

c) 50

d) 80

e)

f)

* Zehnerzahlen mit Zehnerstreifen darstellen
* zu abgebildeten Zehnerstreifen passende Zehnerzahlen notieren
* Zehnerzahlen bildlich darstellen

Zehnerzahlen als Zahl und als Zahlwort schreiben

10 – zehn	20 – zwanzig	30 – dreißig	40 – vierzig
50 – fünfzig	60 – sechzig	70 – siebzig	80 – achtzig
90 – neunzig	100 – einhundert		

1 Schreibe zu jedem Zahlwort die passende Zahl.

a) einhundert 100
fünfzig ☐
siebzig ☐

b) zehn ☐
achtzig ☐
neunzig ☐

c) vierzig ☐
dreißig ☐
zwanzig ☐

2 Schreibe jede Zahl als Zahlwort.

a) 20 zwanzig
90 ____
60 ____
50 ____
40 ____

b) 70 ____
100 ____
10 ____
30 ____
80 ____

3 Schreibe als Zahl und als Zahlwort.

a)

Z	E
8	0

80 ____

b) 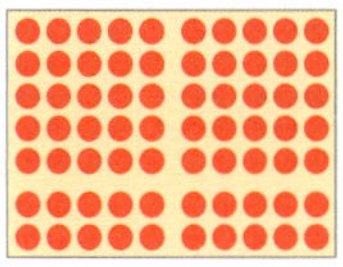

☐ ____

c) 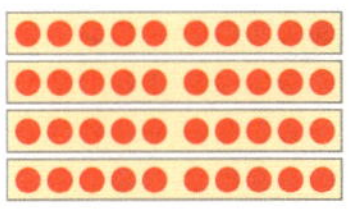

☐ ____

d) 

☐ ____

e) 

☐ ____

f)

Z	E
6	0

☐ ____

★ Zahlwörter in Zehnerzahlen übertragen
★ **SF:** zu Zehnerzahlen passende Zahlwörter finden und notieren

1 Zehnerzahlen vergleichen und ordnen

1 Suche dir ein anderes Kind. Legt abwechselnd Vergleiche mit Zahlen bis 10 und die dazu passenden Vergleiche mit Zehnerzahlen.

2 Setze die Zeichen <, > oder = passend ein.

a) |||| (>) || b) 𝍸|| ◯ 𝍸| c) ||| ◯ 𝍸||

d) 60 ◯ 50 e) 90 ◯ 100 f) 40 ◯ 40

3 Setze passende Zehnerzahlen ein.

a) 30 < 40; 50 > ☐

b) 60 > ☐; 80 < ☐

c) ☐ > 30; ☐ = 60

d) ☐ < 80; ☐ > 70

4 Ordne die Zehnerzahlen der Größe nach.

a Beginne mit der kleinsten Zahl.

~~10~~ 90 ~~30~~ 50 70

10 < 30 < ☐ < ☐ < ☐

40 80 50 20 60

☐ < ☐ < ☐ < ☐ < ☐

b Beginne mit der größten Zahl.

~~100~~ 40 30 ~~80~~ 70

100 > 80 > ☐ > ☐ > ☐

60 70 40 90 20

☐ > ☐ > ☐ > ☐ > ☐

★ SF: Zehnerzahlen unter Verwendung der Begriffe „ist kleiner als“, „ist größer als“ und „ist gleich“ vergleichen ★ bei Zahlvergleichen passende Relationszeichen oder Zahlen finden ★ Zahlen der Größe nach ordnen

1 Suche dir ein anderes Kind. Legt Plus- und Minusaufgaben mit Zehnerstreifen. Sprecht wie Tim und Lea.

2 Rechne.

a) 50 + 20 = ☐
40 + 30 = ☐
30 + 60 = ☐
80 + 20 = ☐
10 + 40 = ☐

b) 60 − 40 = ☐
80 − 50 = ☐
100 − 20 = ☐
90 − 60 = ☐
70 − 20 = ☐

c) 20 + ☐ = 60
30 + ☐ = 80
50 + ☐ = 70
70 + ☐ = 90
40 + ☐ = 100

d) 80 − ☐ = 40
70 − ☐ = 30
90 − ☐ = 50
100 − ☐ = 30
60 − ☐ = 40

e) 20 + 60 = ☐
90 − 30 = ☐
60 + 20 = ☐
70 − 50 = ☐
80 + 10 = ☐

3 Ergänze passend.

a)

70	
50	20
10	
20	
	40
	30
	70

b)

80	
40	
70	
20	
	50
	0
	30

c)

90	
10	
	30
70	
	40
20	
	60

d)

100	
50	
	90
30	
	60
100	
	20

1 Suche dir ein anderes Kind. Legt viele Steckwürfel oder Holzwürfel aus. Schätzt zuerst die Anzahl und bestimmt sie dann wie Lea und Tim.

2 Bündle immer 10 und bestimme die Anzahl. Übertrage dazu die Anzahl der Zehner und Einer in die Stellentafel und bilde eine Plusaufgabe.

a)

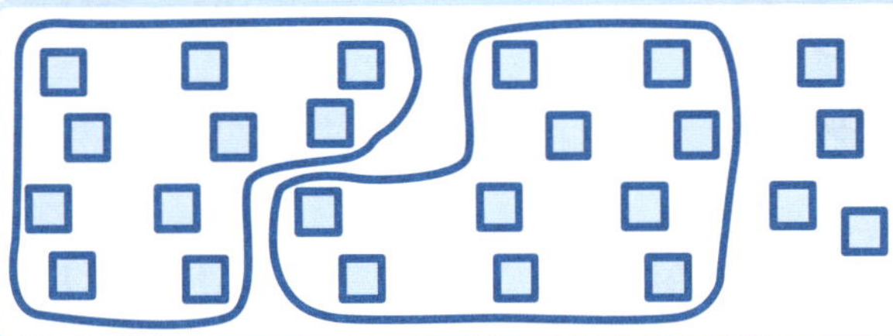

Z	E
2	4

20 + 4 = 24

b)

Z	E

c)

Z	E

d)

Z	E

* Anzahlen von ausgelegten Steck- oder Holzwürfeln schätzen und zählen
* Zehnerbündelung als Zählhilfe nutzen
* Zehner-Einer-Struktur in der Stellentafel und als Plusaufgabe notieren

1 Suche dir ein anderes Kind. Legt euch gegenseitig Zahlen aus Zehnerstreifen und Plättchen. Sprecht wie Lea. Malt, schreibt und sprecht wie Tim.

2 Notiere in der Stellentafel.
Schreibe die passende Zahl und die passende Plusaufgabe auf.

a)
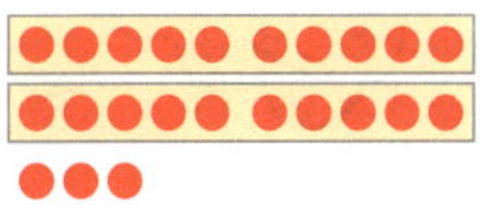

Z	E
2	3

20 + 3 = 23

b)
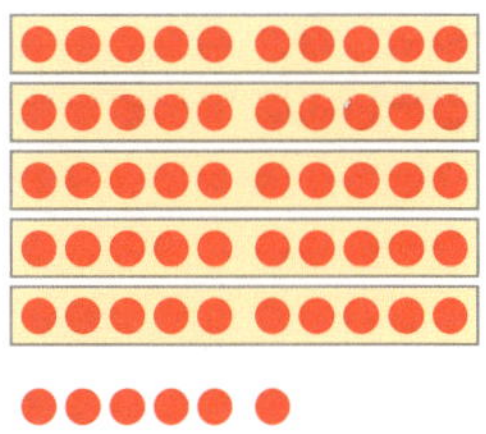

Z	E

c)
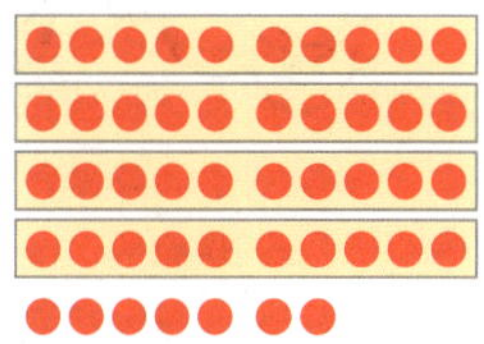

Z	E

3 Zeichne zu den Zahlen Bildern.

a)

35

b) 57

c) 76

d) 61

e)

f)

2 Aus Zehnern und Einern Zahlen bilden (2)

1 Notiere in der Stellentafel.
Schreibe die passende Plusaufgabe auf.

a)

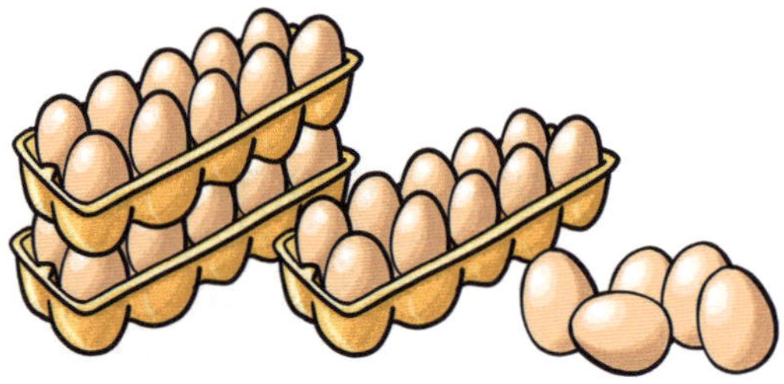

Z	E
3	5

30 + 5 = 35

b)

Z	E

☐ + ☐ = ☐

c)

Z	E

☐ + ☐ = ☐

d)

Z	E

☐ + ☐ = ☐

e)

Z	E

☐ + ☐ = ☐

f)

Z	E

☐ + ☐ = ☐

★ bildlich dargestellte Anzahlen in der Stellentafel und als Plusaufgabe notieren

1 Schreibe zu jedem Punktebild die passende Zahl auf.

a)

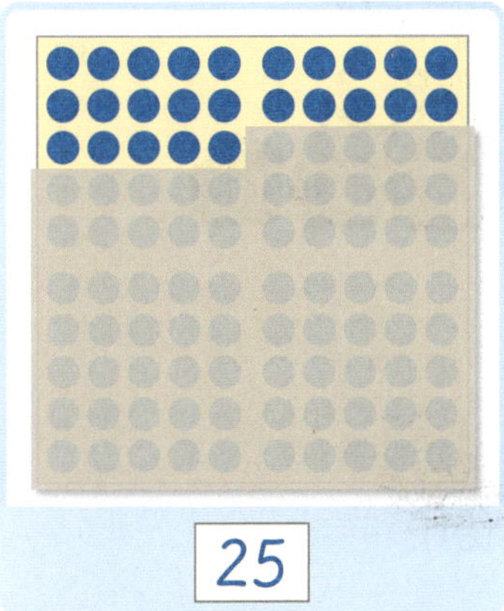

b)

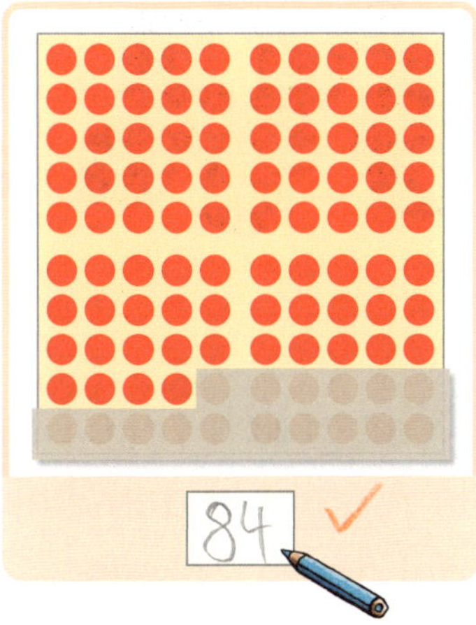

c)

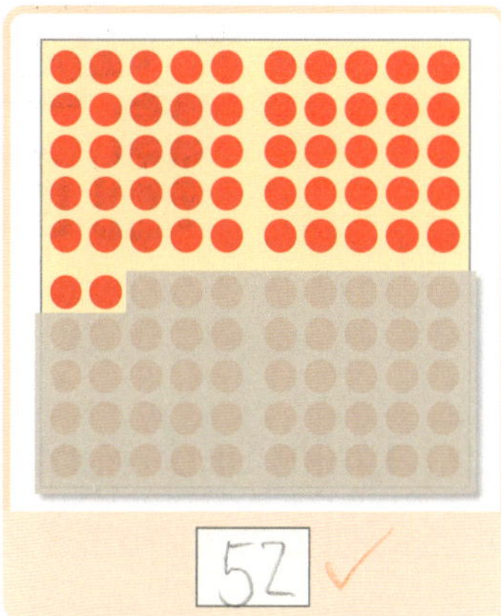

d)

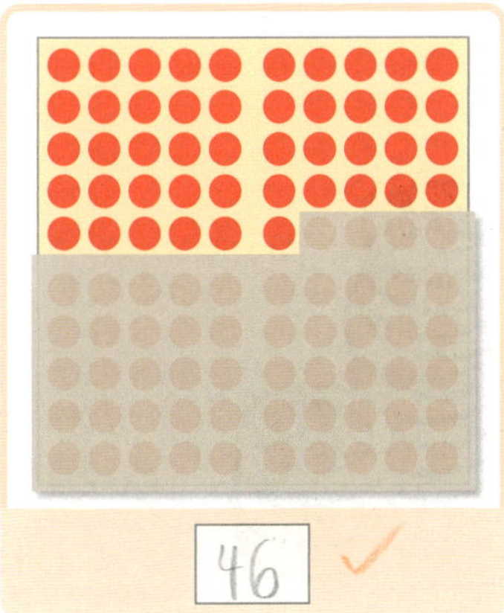

e)

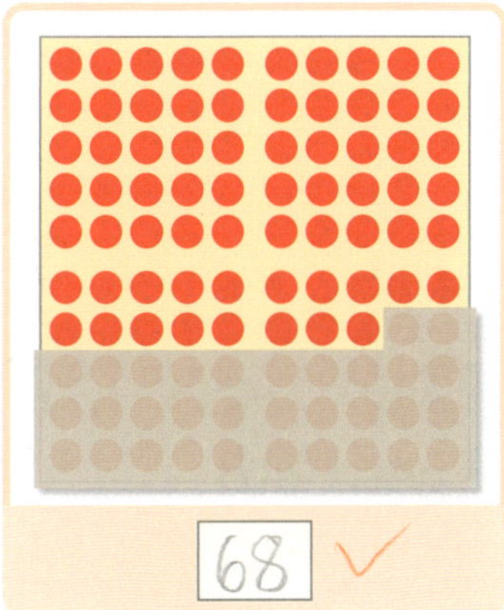

f)

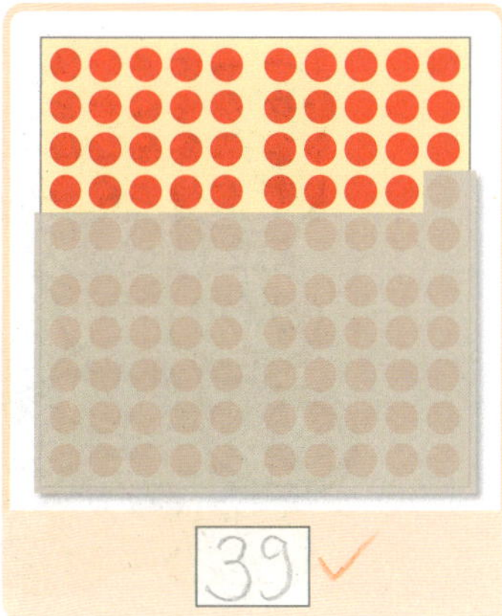

2 Suche dir ein anderes Kind.
Nennt euch gegenseitig
Zahlen bis 100
und zeigt diese
am Hunderterfeld.

1 Suche dir ein anderes Kind. Nehmt euch Plättchen oder Steckwürfel. Legt eine große Menge davon aus. Schätzt zuerst die Anzahl. Zählt dann nach. Nehmt auch andere Dinge.

2 Links und rechts sind jeweils gleich viele Dinge abgebildet. Schätze immer zuerst die Anzahl in dem linken Kasten. Bestimme dann die Anzahl durch Zählen.

a)

geschätzt: 41 Euro

gezählt: 24 Euro

b)

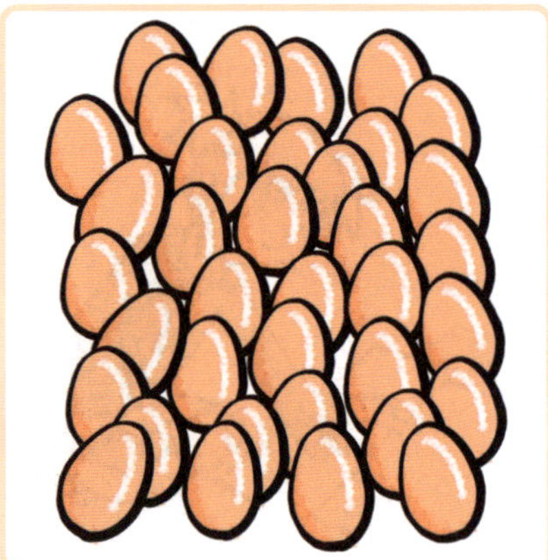

geschätzt: 30 Eier

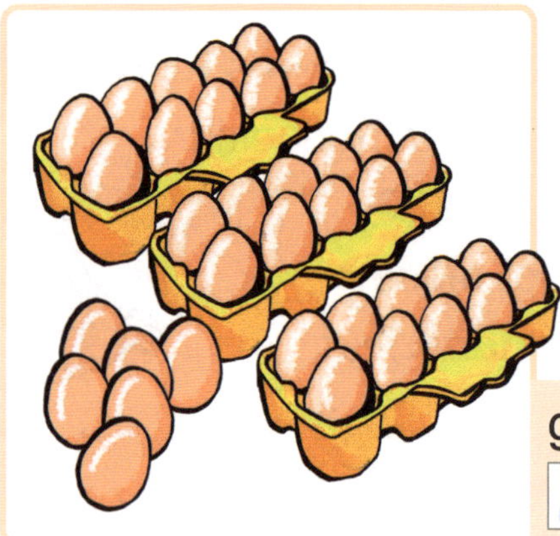

gezählt: 36 Eier

★ Anzahlen bis 100 schätzen
★ Anzahlen unter Verwendung der Zehner-Einer-Struktur bestimmen

8

20

28

achtundzwanzig

Ich spreche zuerst die Einer und schreibe zuerst die Zehner.

eins | zwei | drei | vier | fünf | sechs | sieben | acht | neun

zehn | zwanzig | dreißig | vierzig | fünfzig

sechzig | siebzig | achtzig | neunzig | einhundert

1 Schreibe die Zahlen.

a) einundsiebzig 71
fünfunddreißig ___
zweiundvierzig ___

b) vierundsechzig ___
achtundfünfzig ___
sechsundachtzig ___

2 Schreibe die Zahlen als Zahlwörter.

a) 96 sechsundneunzig
75 ___
69 ___

b) 48 ___
54 ___
33 ___

3 Schreibe als Zahl und als Zahlwort.

a)

Z	E
5	7

57 siebenundfünfzig

b)  ___ ___

c) 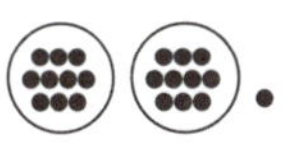 ___ ___

d) 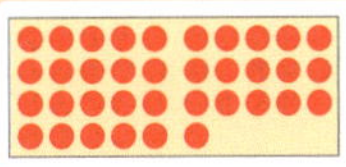 ___ ___

4 Diktiert euch gegenseitig diese Zahlen.
Kontrolliert gemeinsam.

47, 63, 52, 84, 25, 91, 38, 79

Seite 15 Aufgabe 4
4 7, ...

★ SF: Sprech- und Schreibweise von zweistelligen Zahlen bewusst machen und anwenden

2 Zahlenrätsel lösen

1 Löse die Zahlenrätsel.

Meral:	27	Mai-Lin:		Janek:		Lea:	
Tim:		Lena:		Max:		Ole:	

2 Schreibe selbst ein Zahlenrätsel.

Meine Zahl

1 Lea und Tim haben vier Ziffernkarten und legen damit zweistellige Zahlen. Löse ihre Zahlenrätsel. Schreibe alle Möglichkeiten auf.

a *Meine Zahl hat an der Einerstelle eine 2. Wie kann sie heißen?*

b *Meine Zahl hat an der Zehnerstelle eine 6. Wie kann sie heißen?*

Tim: ______________________ Lea: ______________________

2 [2] [5] [7]

a Welche zweistelligen Zahlen kannst du aus diesen Ziffern zusammensetzen? Probiere und schreibe die Zahlen auf.

25, ____

b Stelle deine Lösungen einem anderen Kind vor.

3 [2] [5] [7] [9]

a Wie viele zweistellige Zahlen kannst du mit diesen Ziffernkarten legen? Finde die Lösung durch Überlegen. ______________________

____

b Überprüfe deine Lösung selbst. Schreibe dazu alle möglichen Zahlen auf.

____

c Beschreibe einem anderen Kind, wie du vorgegangen bist.

✶ aus Ziffernkärtchen zweistellige Zahlen bilden ✶ beim Finden aller Möglichkeiten systematisch vorgehen ✶ die Anzahl der Möglichkeiten durch Überlegen finden ✶ **SF:** Vorgehen beschreiben

1 Zeichne die Muster ab und setze sie fort.

a) Muster aus Quadraten

b) Muster aus Dreiecken

c) Muster aus Rechtecken

* Strukturen in Mustern aus geometrischen Grundformen erkennen
* Muster abzeichnen und fortsetzen

1 Wähle ein Muster aus. Zeichne es ab und setze es fort.

2 Zeichne ein eigenes Muster. Verwende Dreiecke, Rechtecke und Quadrate.

3 Stelle dein Muster einem anderen Kind vor.
Beschreibe es und begründe, warum es ein Muster ist.

* Muster aus geometrischen Grundformen abzeichnen und fortsetzen
* ein eigenes Muster aus geometrischen Grundformen zeichnen
* **SF:** eigenes Muster beschreiben und begründen, warum es ein Muster ist

3 Reihen fortsetzen

1 Suche dir ein anderes Kind. Legt Reihen aus verschiedenen Gegenständen.

2 Setze die Reihen fort.

a) 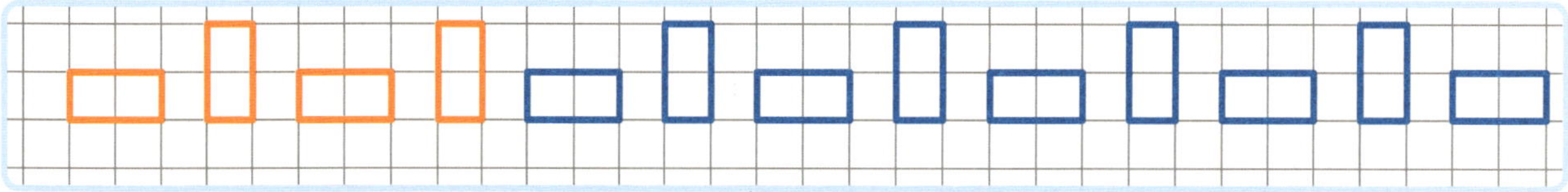

b) 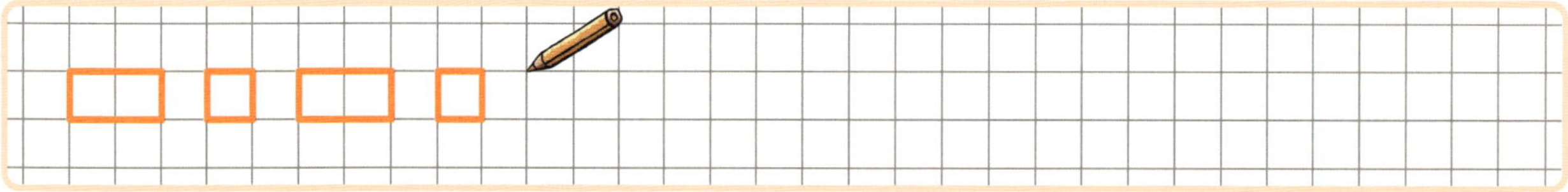

c) 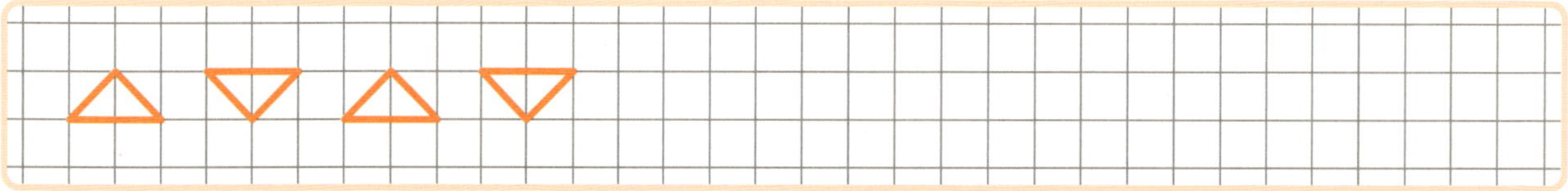

d) 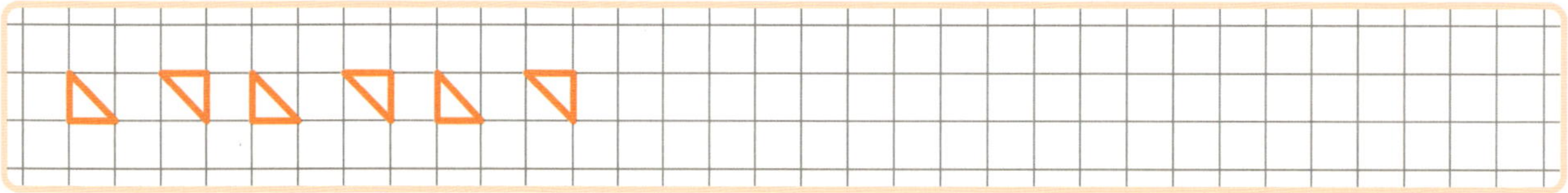

e) 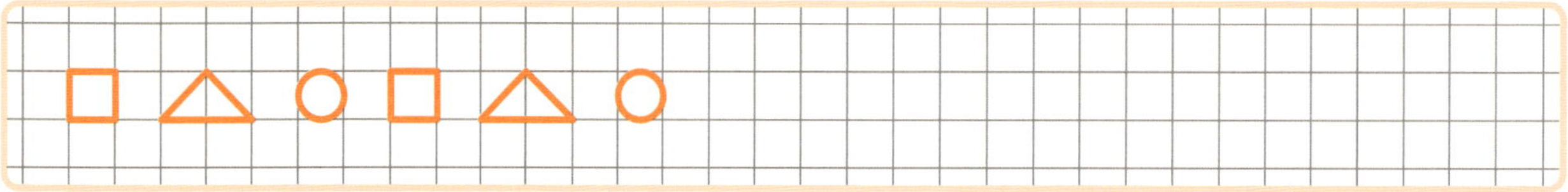

3 Zeichne eine eigene Reihe.

* Reihen aus geometrischen Formen und Alltagsgegenständen legen
* Strukturen in Reihen aus geometrischen Grundformen erkennen und Reihen fortsetzen
* eine eigene Reihe zeichnen

3 Reihen erkennen und fortsetzen

1 Finde heraus, welches Bild nicht in die Reihe passt. Streiche es durch.

a)

b)

c)

1112 (1)	1113 (2)	1114 (3)	1151 (4)	1116 (5)

d)

e)

2 Setze die Reihen fort.

a)

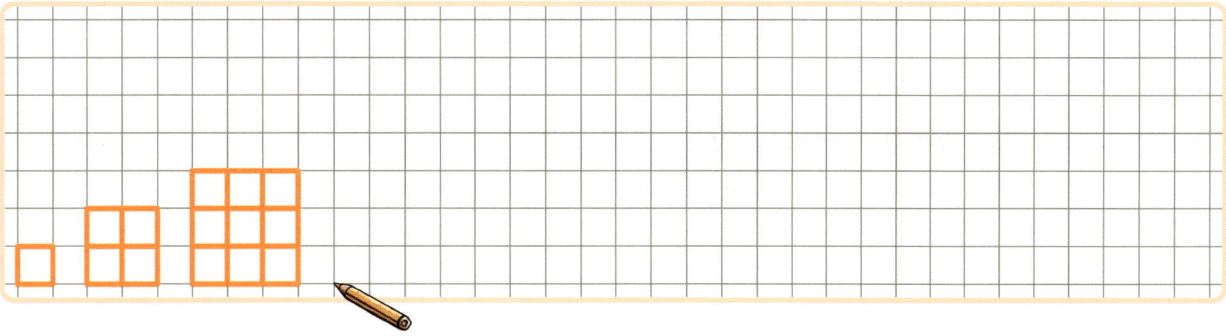

b)

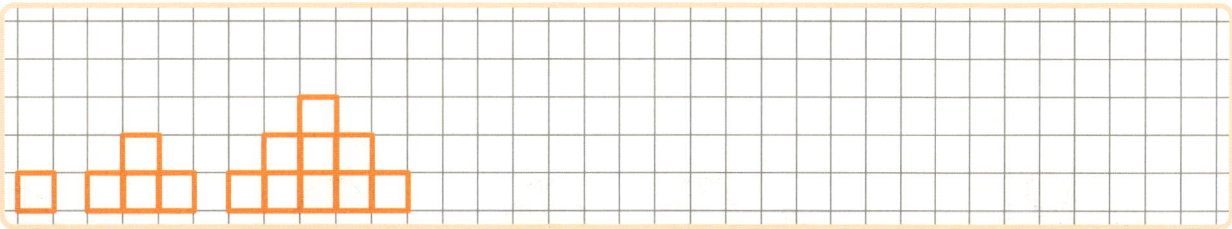

c Bestimme, ohne zu zeichnen.

Das 10. Bild bei a) und bei b) hat jeweils ____ Kästchen.

Erkläre einem anderen Kind, wie du die Lösung gefunden hast.

* unpassende Elemente in Reihen erkennen
* Bildungsmerkmale von Reihen erkennen, Reihen fortsetzen
* **SF:** vorgegebenes Element in einer Reihe finden, Vorgehen beschreiben

3 Wege und Richtungen erkennen

1 Beschreibe einem anderen Kind, wie die Kinder gehen. Stelle dir dabei vor, du gehst die Wege wie die Kinder. Zeichne Pfeile und beschreibe mit Worten: → rechts ← links ↑ geradeaus ↓ unten

a ⟶ Tims Weg zu den Nashörnern | ↑ | ← | → | →

geradeaus, links, rechts, rechts

b ⟶ Majas Weg zu den Kamelen | ↓ | → | ↓ | →

c ⟶ Leas Weg zu den Nashörnern | | | |

d ⟶ Janeks Weg zu den Pinguinen | | | | |

2 Die Kinder sehen den Kiosk von unterschiedlichen Seiten. Schreibe auf, bei welchen Buchstaben die Kinder stehen.

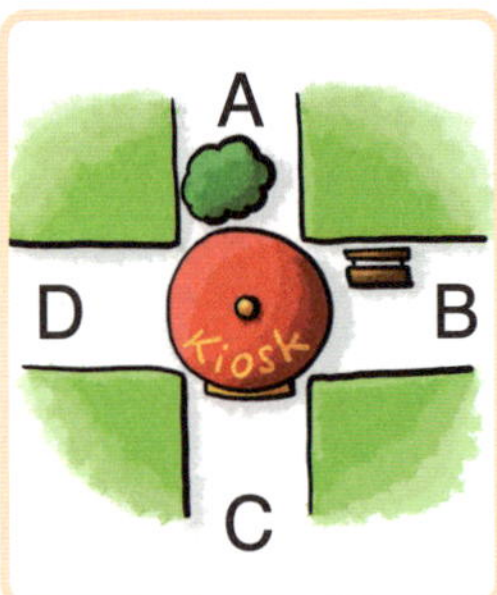

Tim sieht:	Lea sieht:	Maja sieht:	Janek sieht:

B	C		

⋆ SF: Wege auf der Grundlage eines Lageplans beschreiben
⋆ MK: Wegbeschreibungen in Richtungspfeile übertragen
⋆ zu vorgegebenen Ansichten die Position des Betrachters finden

1 Zeichne die Wege nach den Vorgaben der Pfeile ein.
Beginne immer beim roten Punkt.

a)

b)

c)

d)

2 Zeichne den Weg zum Schatz nach den Vorgaben ein.
Beginne an der linken oberen Ecke.

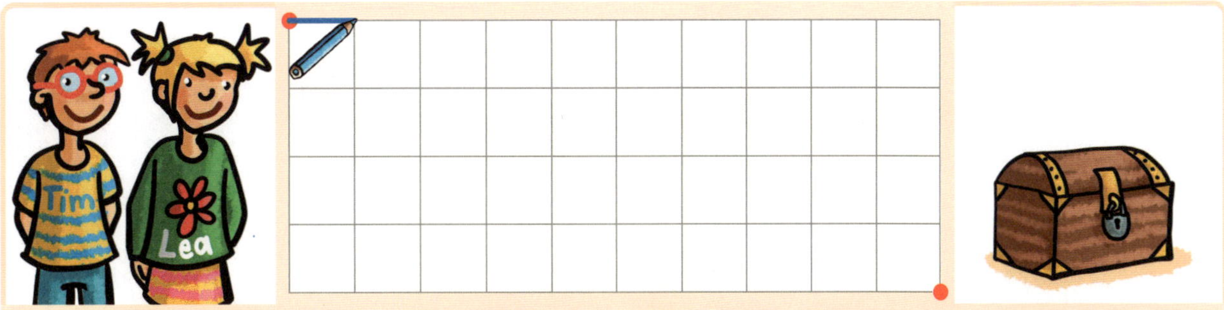

1. 1 Kästchen nach rechts
2. 2 Kästchen nach unten
3. 4 Kästchen nach rechts
4. 1 Kästchen nach oben
5. 2 Kästchen nach rechts
6. 1 Kästchen nach unten
7. 3 Kästchen nach rechts
8. 2 Kästchen nach unten

3 Suche dir ein anderes Kind. Vergleicht eure Lösungen von 2.
Übertrage den eingezeichneten Weg von 2 in Pfeile.

→

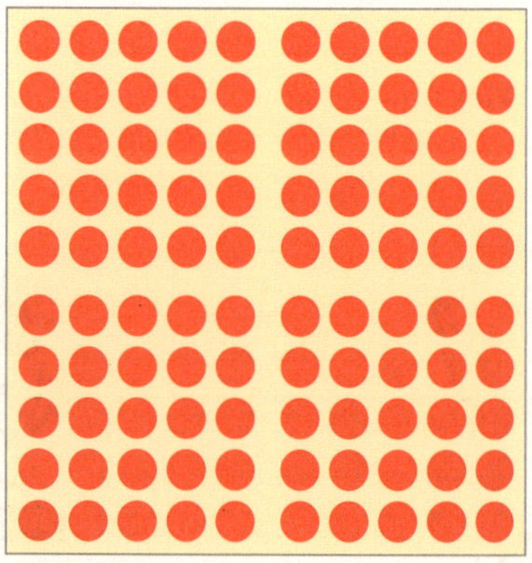

das **Hunderterfeld**

1	2	3	4	5	6	7	8	9	10
11	12	13	14	15	16	17	18	19	20
21	22	23	24	25	26	27	28	29	30
31	32	33	34	35	36	37	38	39	40
41	42	43	44	45	46	47	48	49	50
51	52	53	54	55	56	57	58	59	60
61	62	63	64	65	66	67	68	69	70
71	72	73	74	75	76	77	78	79	80
81	82	83	84	85	86	87	88	89	90
91	92	93	94	95	96	97	98	99	100

die **Hundertertafel**

1 Suche die Zahlen und schreibe sie auf.

a) genau unter 65 [75]
b) genau über 68 [ ]
c) rechts von 73 [ ]
d) links von 97 [ ]
e) 3 Kästchen unter 42 [ ]
f) 2 Kästchen über 64 [ ]
g) 5 Kästchen rechts von 31 [ ]
h) 4 Kästchen links von 59 [ ]

2 Schreibe die markierten Zahlen auf.

a)

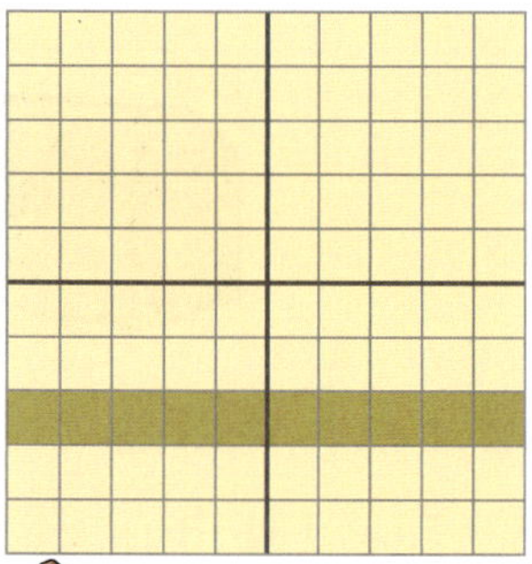

71,

b)

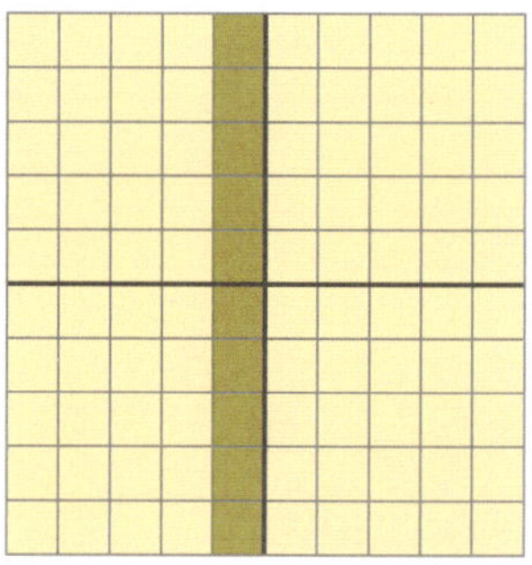

5, 15, 25

c)

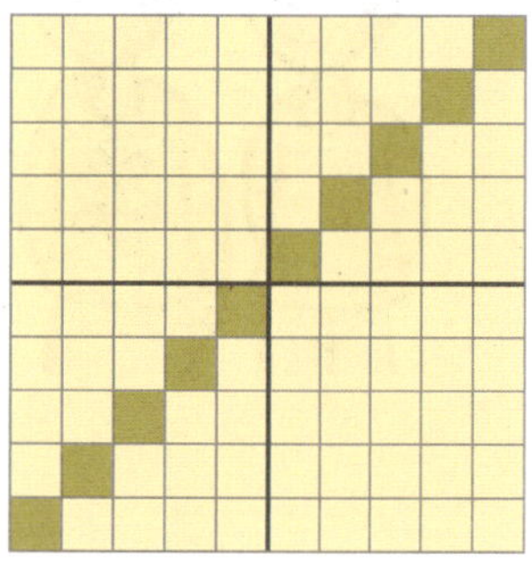

91, 82, 73

3 Schau dir die Zahlen an, die du in Aufgabe 2 aufgeschrieben hast.
Sprich mit einem anderen Kind darüber, was dir auffällt.

★ Aufbau und Struktur der Hundertertafel verstehen und nutzen
★ SF: Aufbau und Struktur der Hundertertafel beschreiben

4 Fehlende Zahlen in der Hundertertafel bestimmen

1 Suche dir ein anderes Kind.
Stellt euch gegenseitig Aufgaben
zur Hundertertafel.

Welche Zahl steht rechts von 46?

Welche Zahl steht über 82?

Welche Zahl steht rechts von 39?

Welche Zahl steht unter 89?

...

2 Ergänze die Zahlen in den hellen Feldern.

a)

	24	
33	34	35
	44	

	47	
	57	

	29	

	73	

b)

	75	

	12	

	36	

	89	

c)

4 Zahlen in der Hundertertafel bestimmen

1	2	3	4	5	6	7	8	9	10
11	12								
									40
					46				
	52								
								79	
			84						
							98		

1 Bestimme die Zahlen, die hinter den Bildern versteckt sind.

2 Suche dir ein anderes Kind.
Stellt euch gegenseitig Aufgaben zur Hundertertafel.

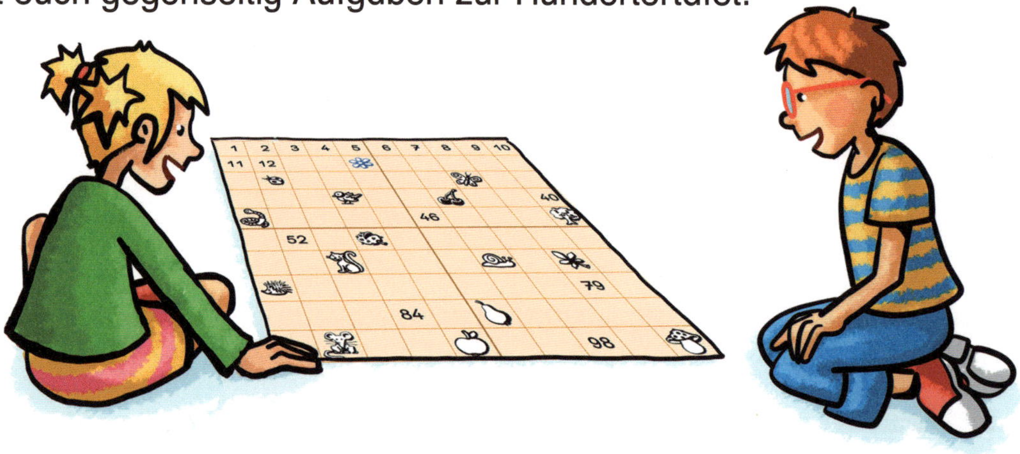

* Kenntnisse über Aufbau und Struktur der Hundertertafel beim Finden einzelner Zahlen nutzen

1 Finde die Zielzahl. Versuche, den Weg in deiner Vorstellung zu gehen.
Schreibe die Zielzahl auf.

a)

Start	Weg	Ziel
34	↓↓↓→→→	
88	←↑↑↑↑→	

b)

Start	Weg	Ziel
44	↓↓↓→→↑	
75	↓→→→→↓	

2 Finde einen Weg von der Startzahl zur Zielzahl.
Notiere den Weg mit Pfeilen wie in Aufgabe 1.

a)

Start	Weg	Ziel
91		85
2		36

b)

Start	Weg	Ziel
19		55
74		42

3 Suche Wege in der Hundertertafel.

a) Suche dir Startzahlen und Zielzahlen aus.
Notiere die Wege mit Pfeilen wie in Aufgabe 1.

Start	Weg	Ziel

Start	Weg	Ziel

b) Suche dir ein anderes Kind. Wähle eine Startzahl und eine Zielzahl.
Beschreibe einen Weg von der Startzahl zur Zielzahl. Das andere Kind soll die Zielzahl in der Hundertertafel finden.

* **MK:** durch Richtungspfeile vorgegebene Wege in der Hundertertafel finden
* zu vorgegebenen Start- und Zielzahlen Wege finden und mit Richtungspfeilen darstellen
* **SF:** Wege auf der Hundertertafel verbal beschreiben

1 Trage die markierten Zahlen ein.

a)

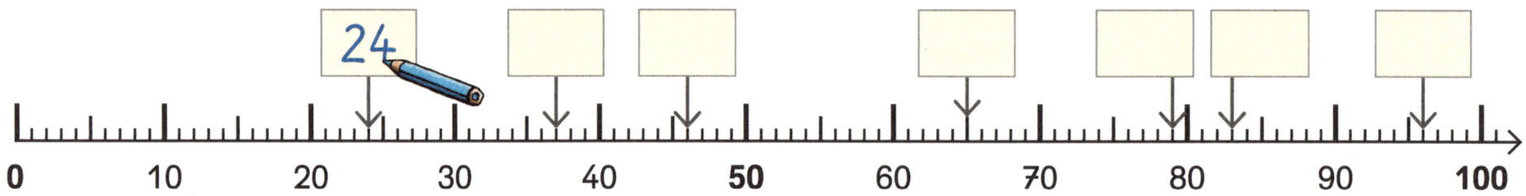

b)

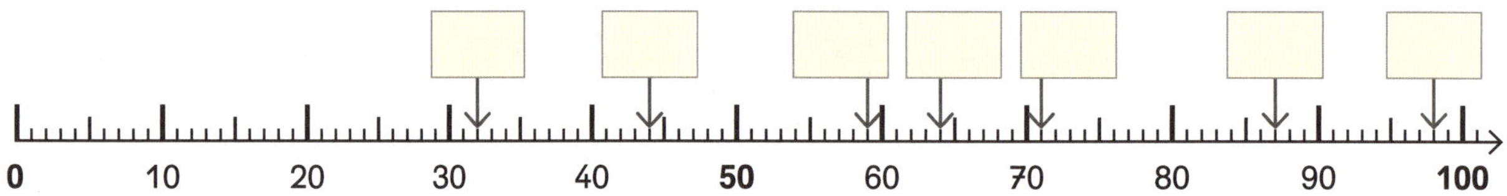

2 Trage die Nachbarzehner ein.

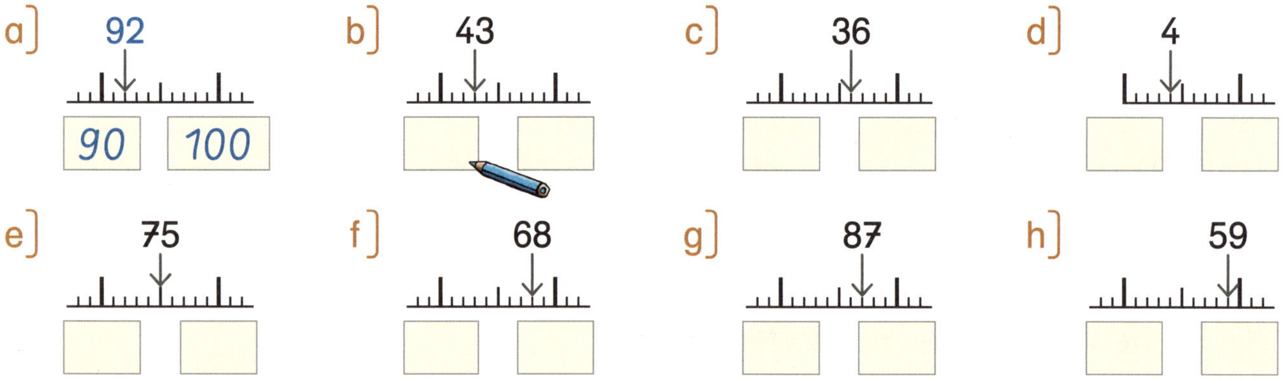

3 Überlege, welche Zahlen markiert sind. Trage sie ein.

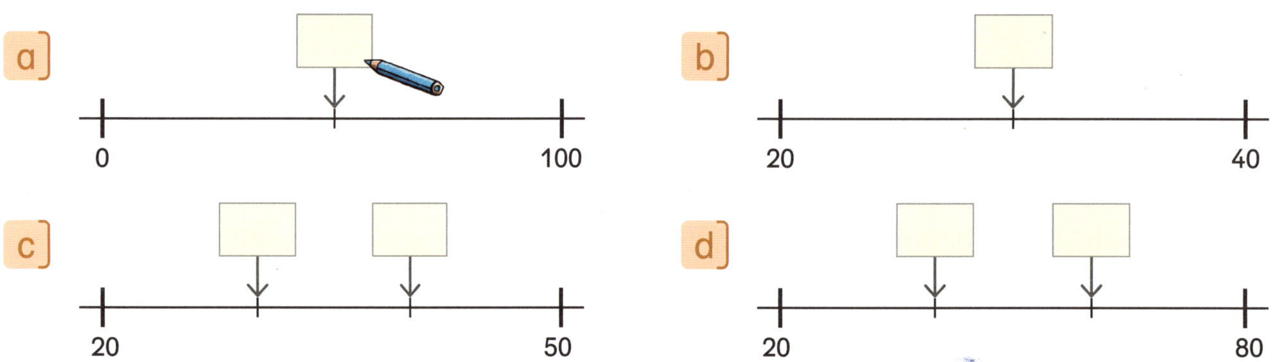

* Zahlen am Zahlenstrahl ablesen
* Nachbarzehner an Zahlenstrahlausschnitten ablesen
* am Zahlenstrich dargestellte Zahlen ermitteln

1 Suche dir ein anderes Kind.
Schreibe eine Zahl zwischen 0 und 100 auf. Dein Partner nennt dir den Vorgänger und Nachfolger und schreibt beide auf.

2 Bestimme Vorgänger und Nachfolger.

a) 44 | 45 | 46
b) ___ | 75 | ___
c) ___ | 29 | ___
d) ___ | 94 | ___
e) ___ | 53 | ___
f) ___ | 60 | ___

3 Bestimme die Zahl, die zwischen den beiden Zahlen liegt.

a) 18 | 19 | 20
b) 56 | ___ | 58
c) 98 | ___ | 100
d) 41 | ___ | 43
e) 68 | ___ | 70
f) 29 | ___ | 31

4 Bestimme die beiden Nachbarzehner (NZ).

a) 50 | 57 | 60
b) ___ | 93 | ___
c) ___ | 35 | ___
d) ___ | 5 | ___
e) ___ | 14 | ___
f) ___ | 42 | ___

5 Schreibe alle dazwischen liegenden Zahlen auf.

	NZ	Zahl	NZ
a)	90	91,	100
b)	0		10
c)	40		50

⋆ Vorgänger, Nachfolger und Nachbarzehner bestimmen
⋆ zu vorgegebenen Nachbarzehnern alle dazwischen liegenden Zahlen finden

1 Suche dir ein anderes Kind. Wählt eine Zahl zwischen 0 und 100 aus. Rollt einen Ball hin und her.

a) Zählt dabei von eurer Zahl aus abwechselnd laut vorwärts.

b) Zählt dabei von eurer Zahl aus abwechselnd laut rückwärts.

2 Ergänze die Zahlenfolgen.

a)	34	35		37			40					
b)	27				31							
c)			74			77						
d)							43			46		
e)	61			58			55					
f)		99			96			93				
g)					69				65			

3 Verbinde die Zahlenfolgen, die zueinander passen. Beschreibe die Zahlenfolgen einem anderen Kind und begründe dein Ergebnis.

23 25 27 29 31	15 20 25 30 35
40 45 50 55 60	43 41 39 37 35
14 12 10 8 6	44 46 48 50 52

* Zahlenfolgen vorwärts und rückwärts bilden und ergänzen
* Zahlenfolgen mit gleichem Bildungsprinzip einander zuordnen, **SF:** Zuordnung begründen

1 Ergänze die Zahlenfolgen.
Überlege zuerst, wie du von
einer Zahl zur nächsten kommst.

a)	24	26	28			34						
b)	64	62	60			54						
c)				52			58			64		
d)	23	33	43						103	113	123	133
e)	112	102	92	82	72							2
f)	15	20	25							60		
g)	70	65	60							25		

2 Setze die Reihen fort.
Übertrage deine Zeichnungen in eine Zahlenfolge. Setze diese dann fort.

a)

1, 3, 5,

b)

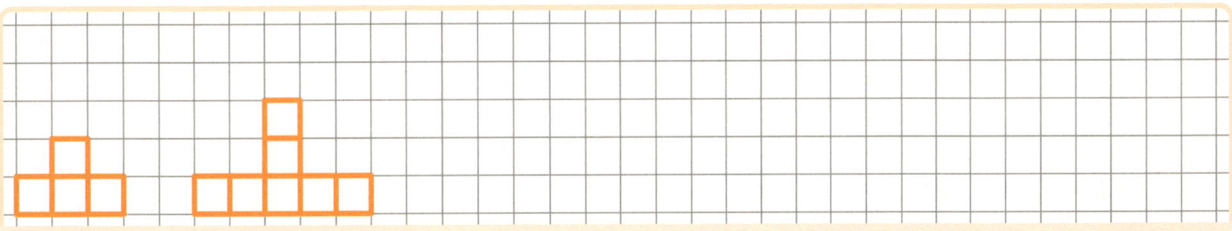

3 Suche dir ein anderes Kind. Vergleicht eure Ergebnisse aus 2, beschreibt und begründet euer Vorgehen.

* Strukturen von besonderen Zahlenfolgen erkennen und diese fortsetzen
* Reihen fortsetzen und in Zahlenfolgen übertragen, **SF:** Zuordnung begründen

1 Suche dir ein anderes Kind.
Schreibt zwei Zahlen
auf zwei Zettel.
Vergleicht die Zahlen.
Verwendet die Zeichen
<, > und =.

2 Setze die Zeichen <, > oder = passend ein.

a)	b)	c)	d)
31 < 35	86 ◯ 92	32 ◯ 41	57 ◯ 46
13 ◯ 27	42 ◯ 54	83 ◯ 83	49 ◯ 51
52 ◯ 52	39 ◯ 38	54 ◯ 45	63 ◯ 37

3 Setze passende Zahlen ein.

a)	b)	c)	d)
31 < 38	48 > ☐	52 > ☐	81 = ☐
53 = ☐	87 < ☐	16 < ☐	99 < ☐
62 > ☐	51 = ☐	37 < ☐	50 > ☐

4 Ordne die Zahlen der Größe nach.

a) Beginne mit der kleinsten Zahl.

75 83 56 ~~28~~ ~~35~~

28 < 35 < ☐ < ☐ < ☐

68 86 72 47 34

☐ < ☐ < ☐ < ☐ < ☐

b) Beginne mit der größten Zahl.

17 81 ~~91~~ 69 48

91 > ☐ > ☐ > ☐ > ☐

31 86 52 97 64

☐ > ☐ > ☐ > ☐ > ☐

* Zahlen vergleichen und passende Relationszeichen einsetzen
* zu vorgegebenen Ungleichungen passende Zahlen finden
* Zahlen der Größe nach ordnen

1 Male immer die kleinste Zahl rot an.

a)
65	16
36	72

b)
84	28
48	13

c)
14	34
41	43

d)
28	36
45	95

e)
34	45
54	43

f)
68	78
28	58

g)
56	59
58	57

h)
27	23
72	32

2 Male immer die größte Zahl gelb an.

a)
75	27
47	83

b)
95	39
59	24

c)
25	35
52	53

d)
18	26
35	82

e)
64	45
54	46

f)
78	98
38	68

g)
46	47
45	48

h)
23	72
27	32

3 Male die passenden Zahlen an.

a) < 20 kleiner als 20

12	31	22	11
41	13	9	21
18	81	56	19

b) > 35 größer als 35

45	25	28	53
38	43	44	37
40	33	10	61

c) < 50 kleiner als 50

25	46	48	65
39	51	72	27
61	28	49	44

d) > 80 größer als 80

18	61	69	99
81	95	83	91
88	79	58	78

e) < 65 kleiner als 65

60	70	80	90
69	59	64	66
71	68	67	48

★ Zahlen vergleichen und nach Vorgabe markieren

1 Ergänze die folgenden Sätze.

a) Im Schwimmerbecken sind 5 Personen.

b) Vor der Rutsche warten ___ Kinder.

c) Auf Tims Eiswaffel sind ___ Kugeln Eis.

d) Am Sonntag öffnet das Freibad um ___ Uhr.

e) Auf der Wiese spielen ___ Kinder Fußball.

f) Eine Kugel Eis kostet ___ Euro.

g) Der Bademeister trägt eine ___________ Hose.

h) Am Beckenrand sitzen ___ Kinder.

Zuerst suche ich das Schwimmerbecken. Dann zähle ich die Personen.

2 Schreibe auf, was du in dem Bild noch entdeckst.

Seite 34 Aufgabe 2
...

3 Überlegt, wie viele Kinder das Freibad wohl an einem Tag besuchen. Begründet eure Vermutung.

* MK: dem Bild relevante Informationen entnehmen und Aussagen ergänzen
* SF: Entdeckungen beschreiben
* MK: zur Fermi-Aufgabe recherchieren und Ergebnisse präsentieren

Einer Tabelle Informationen entnehmen

Ausleihe in der Klassenbücherei der Klasse 2a:

Klasse 2a	 Sachbücher	 Tiergeschichten	 Abenteuergeschichten
1. Halbjahr	9	15	12
2. Halbjahr	17	7	16
insgesamt	26	22	28

1 Besprecht, welche Informationen ihr in der Tabelle findet.

2 Ergänze die Aussagen.

a) Im 2. Halbjahr wurden ☐ Sachbücher ausgeliehen.

b) Insgesamt wurden ☐ Tiergeschichten ausgeliehen.

c) Im 1. Halbjahr wurden ☐ Abenteuergeschichten ausgeliehen.

3 Beantworte die Fragen.

a) Welche Bücher wurden im 1. Halbjahr am häufigsten ausgeliehen?

Im 1. Halbjahr wurden ______________ am häufigsten ausgeliehen.

b) Welche Bücher wurden im 2. Halbjahr am seltensten ausgeliehen?

Im 2. Halbjahr wurden ______________ am seltensten ausgeliehen.

c) Welche Bücher wurden insgesamt am häufigsten ausgeliehen?

Insgesamt wurden ______________ am häufigsten ausgeliehen.

4 Finde eine eigene Frage zu der Tabelle. Beantworte sie in einem Satz.

Frage: ______________

Antwort: ______________

____

* **SF:** in einer Tabelle dargestellte Angaben beschreiben
* **SF/MK:** einer Tabelle jeweils relevante Informationen entnehmen
* **SF:** eigene Fragen und Antworten formulieren und notieren

In der Klasse 2a sind 26 Kinder. In der Klasse 2b sind 28 Kinder.

In der Pause essen von den 54 Kindern der 2. Klassen 15 Kinder Obst. 18 Kinder essen Brote und 10 Kinder essen Müsli-Riegel. Die anderen Kinder essen nichts.

Am Sporttag der 2. Klassen gehen 15 Kinder ins Freibad und 17 Kinder auf den Sportplatz. 18 Kinder gehen zum Turnen in die Sporthalle. Einige Kinder sind krank.

1 Umkreise jedes Kärtchen in der Farbe des Zettels, auf dem du die passende Information findest.

15 Kinder essen in der Pause Obst.

In der Klasse 2a sind 26 Kinder.

Einige Kinder sind krank.

Einige Kinder essen in der Pause nichts.

In der Klasse 2b sind 28 Kinder.

Am Sporttag gehen 18 Kinder zum Turnen in die Sporthalle.

Am Sporttag gehen 15 Kinder ins Freibad.

18 Kinder essen in der Pause Brote.

2 Weitere Informationen sind im Text versteckt. Ergänze die Aussagen.

a) Auf dem roten Zettel:

In der Klasse 2b sind 28 Kinder.

In der Klasse 2a sind ☐ Kinder weniger als in der Klasse 2b.

b) Auf dem blauen Zettel:

In der Pause essen ☐ Kinder Müsli-Riegel.

☐ Kinder mehr essen Brote.

c) Auf dem gelben Zettel:

Am Sporttag gehen ☐ Kinder auf den Sportplatz.

Am Sporttag gehen ☐ Kinder mehr auf den Sportplatz als ins Freibad.

AH 16

* SF/MK: in Textform dargestellten Beschreibungen jeweils relevante Informationen entnehmen
* weitere Informationen ableiten

1 Ergänze die Sätze.

a) Lea hat 10 Euro geschenkt bekommen. Zuvor hatte sie 30 Euro.

b) Maja hat jetzt 40 Tierpostkarten. Vor einem Monat waren es ___.

c) Tim braucht für den Schulweg 15 Minuten.
Wenn er sich beeilt, läuft er ___ Minuten zur Schule.

d) Ole hat bei einem Fußballturnier in 5 Spielen mitgespielt.
Bei ___ Spielen war er nicht dabei.

e) Janek hat bereits 30 Sticker gesammelt.
Insgesamt gibt es ___ verschiedene Sticker.

f) Meral hat zum Geburtstag 8 Kinder eingeladen.
Im letzten Jahr durfte sie ___ Kinder einladen.

★ **SF/MK:** den Aussagen der Kinder jeweils relevante Informationen entnehmen, Lückentexte ergänzen

5 Einem Säulendiagramm Informationen entnehmen

Ich habe 22 Kindern verschiedene Fragen gestellt und eine Strichliste erstellt. Die Ergebnisse habe ich in einem **Säulendiagramm** dargestellt. Für jeden Strich habe ich ein Kästchen ausgemalt.

6 Jahre: |||
7 Jahre: ~~||||~~ ~~||||~~ ||
8 Jahre: ~~||||~~ ||
⋮

1 In dem Säulendiagramm kannst du viele Informationen ablesen. Ergänze die folgenden Sätze.

a) Die wenigsten Kinder sind [6] Jahre alt.

b) Das beliebteste Hobby ist Freunde treffen.

c) Die meisten Kinder haben braune Augen.

d) Es gibt mehr Kinder mit dunklen als mit hellen Haaren.

2 Schreibe weitere Informationen auf, die du dem Säulendiagramm entnehmen kannst.

Seite 38 Aufgabe 2
...

3 Überlege dir eigene Fragen. Führe in der Klasse eine Befragung durch. Erstelle eine Strichliste und zeichne ein Säulendiagramm. Stelle deine Ergebnisse in der Klasse vor.

★ **MK:** einem Säulendiagramm jeweils relevante Informationen entnehmen
★ **MK:** eine Befragung durchführen und Ergebnisse in Strichliste und Säulendiagramm darstellen
★ **SF:** Ergebnisse der Befragung in der Klasse vorstellen

Lena und Tim haben die Kinder der Klasse 2a nach ihren Lieblingsbüchern gefragt:

Abenteuerbücher:	~~IIII~~ IIII
Pferdegeschichten:	~~IIII~~ ~~IIII~~ II
Sachbücher:	~~IIII~~ I
Krimis:	~~IIII~~
Comics:	III

Abenteuerbücher:	XXXXXXXXX
Pferdegeschichten:	XXXXXXXXXXXX
Sachbücher:	XXXXXX
Krimis:	XXXXX
Comics:	XXX

1 Betrachte mit einem anderen Kind Lenas Strichliste und Tims Balkendiagramm. Vergleicht die beiden Darstellungen. Besprecht, was ihr ablesen könnt.

2 Lies die Informationen in der Strichliste oder dem Balkendiagramm ab. Ergänze die Aussagen.

a) 3 Kinder mögen am liebsten Comics.

b) ___ Kinder mögen am liebsten Abenteuerbücher.

c) Die beliebtesten Bücher sind ______________________.

d) ___ Kinder mögen am liebsten Pferdegeschichten.
Halb so viele Kinder mögen am liebsten ______________________.

e) Finde eine eigene Aussage zu den Darstellungen. ______________________

____

____

3 Mache in deiner Klasse eine Umfrage zu den Lieblingsbüchern.

Seite 39 Aufgabe 3
a) ...

a) Stelle das Ergebnis in einer Strichliste dar.

b) Übertrage die Strichliste in ein Balkendiagramm.

★ SF/MK: Strichliste und Balkendiagramm beschreiben und vergleichen, relevante Informationen entnehmen ★ MK: eine Befragung durchführen und Ergebnisse in Strichlisten und Balkendiagramm darstellen ★ SF: Ergebnisse der Befragung in der Klasse vorstellen

1 Betrachte mit einem anderen Kind die Umfrageergebnisse in den drei Klassen. Vergleicht die verschiedenen Darstellungen. Welche Darstellung gefällt dir am besten? Begründe.

2 Trage die Umfrageergebnisse aus den Klassen 1a, 2a und 3a in die Tabelle ein.

Lieblingsobst	1a	2a	3a
Äpfel	9		
Bananen			
Beeren			
anderes			

3 Bewerte die Aussagen mit „stimmt" oder „stimmt nicht". Kreuze an.

	stimmt	stimmt nicht
In der Klasse 1a essen 9 Kinder am liebsten Äpfel.	X	
In der Klasse 3a sind Beeren das Lieblingsobst.		
In der Klasse 2a mögen mehr Kinder am liebsten Beeren als in den beiden anderen Klassen zusammen.		
In jeder Klasse sind Äpfel das Lieblingsobst.		
Insgesamt sind Äpfel das Lieblingsobst.		

4 Mache in deiner Klasse eine Umfrage zum Thema Lieblingsobst. Stelle die Ergebnisse dar. Wähle selbst eine Darstellungsform.

Seite 40 Aufgabe 4
...

* **SF/MK:** Darstellungen in verschiedenen Schaubildern vergleichen
* **MK:** Informationen aus Schaubildern ablesen und Aussagen überprüfen
* **SF/MK:** Befragung durchführen, Ergebnisse darstellen und in der Klasse vorstellen

5 Ein Schaubild auswerten

1 Lies die Besucherzahlen im Schaubild ab und ergänze die Aussagen.

a Am Dienstag sind 32 Besucher ins Museum gekommen.

b Am Freitag sind ____ Besucher ins Museum gekommen.

c Am ______________________ war das Museum geschlossen.

d Am ______________________ sind die meisten Besucher gekommen.

e Am ______________________ sind die wenigsten Besucher gekommen.

f Am ______________________ sind doppelt so viele Besucher gekommen wie am Mittwoch.

g Am Wochenende sind ____ Besucher ins Museum gekommen.

2 Stelle die Besucherzahlen der vorigen Woche in einem Schaubild dar.

Tag	Mo.	Di.	Mi.	Do.	Fr.	Sa.	So.
Besucherzahl	0	24	31	58	37	50	32

Besucherzahlen im Museum	
Montag	
Dienstag	
Mittwoch	
Donnerstag	
Freitag	
Samstag	
Sonntag	

1 Suche dir ein anderes Kind.
Zeigt mit dem Spiegel.

- 8 Vögel ☒
- 6 Ameisen ○
- 1 Nadelbaum ○
- 3 Laubbäume ○
- 8 Salatköpfe ○
- 7 Salatköpfe ○
- Einstern ohne Zauberstab ○
- eine kurze Hängematte ○
- einen Teich voller Seerosen ○
- eine Feuerschale mit großen Flammen ○
- 2 Katzen auf einer langen Bank ○
- Picknick für 4 Personen ○

2 Findet weitere Spiegelbilder.

★ Spiegel senkrecht und waagerecht halten und durch Verschieben die geforderten und eigene Spiegelbilder erzeugen

3 Probiert, welche Bilder ihr mit dem Spiegel sehen könnt. Kreuzt an.

a)

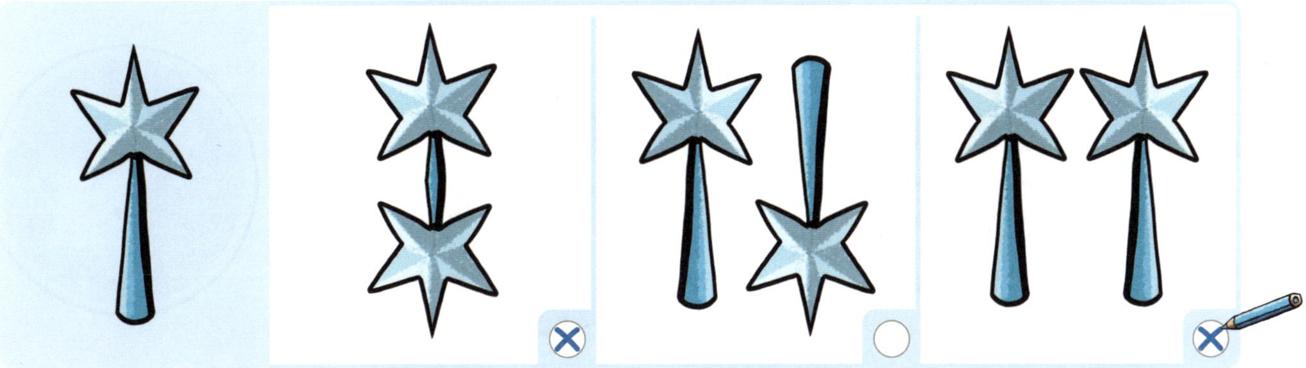

b)

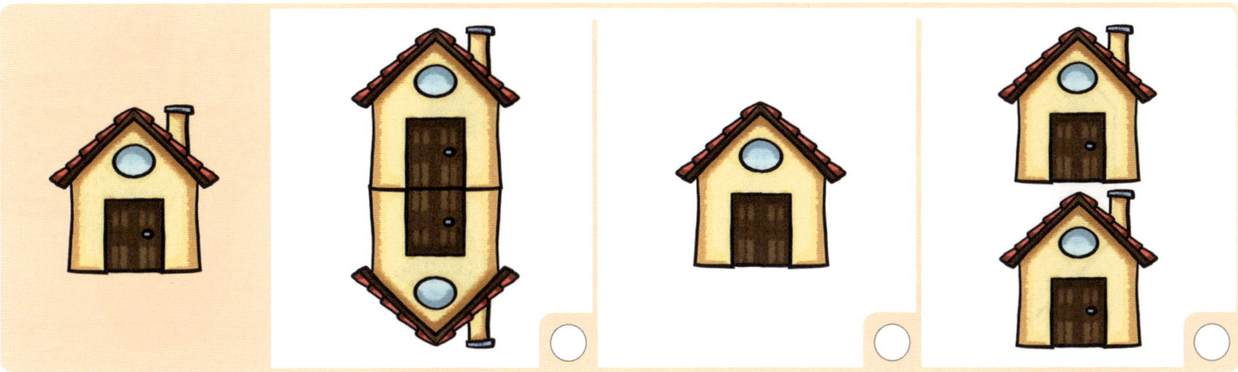

c)

d)

* erproben, welche Abbildungen durch waagerechtes bzw. senkrechtes Anlegen des Spiegels erzeugt werden können

1 Kreuze die symmetrischen Figuren an.

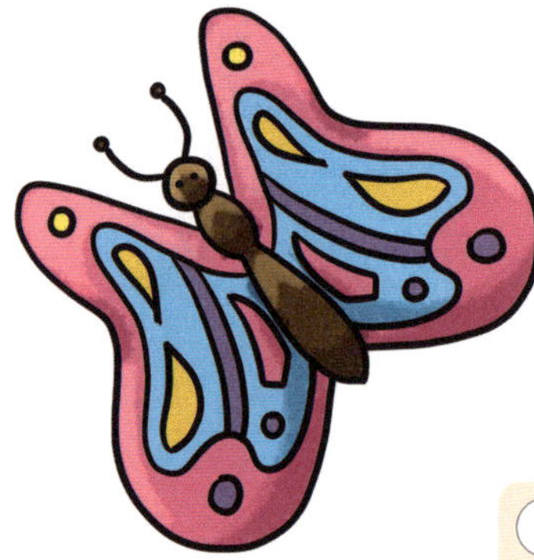

AHA

OMA

HEXE

2 Zeichne die Symmetrieachsen ein.

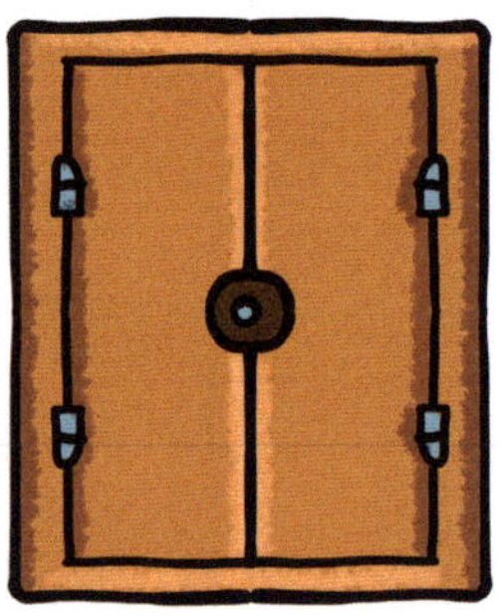

OHO

OTTO

* symmetrische Figuren und Wörter erkennen und ankreuzen
* einen Spiegel als Hilfsmittel benutzen
* Symmetrieachse(n) finden und einzeichnen

Figuren symmetrisch ergänzen (1)

1 Lege symmetrische Figuren oder Muster.

2 Ergänze die Figuren symmetrisch.

a)

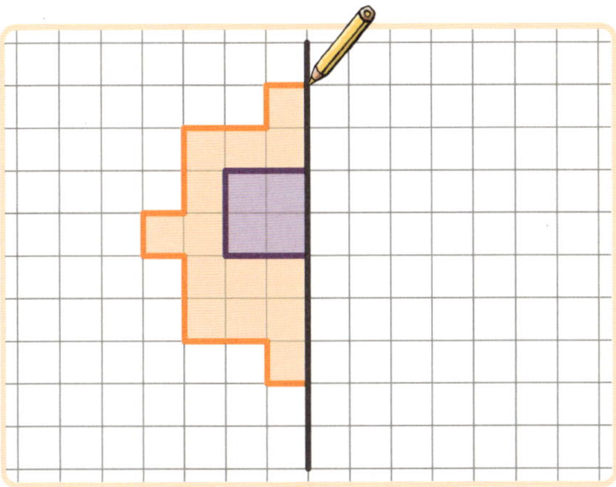

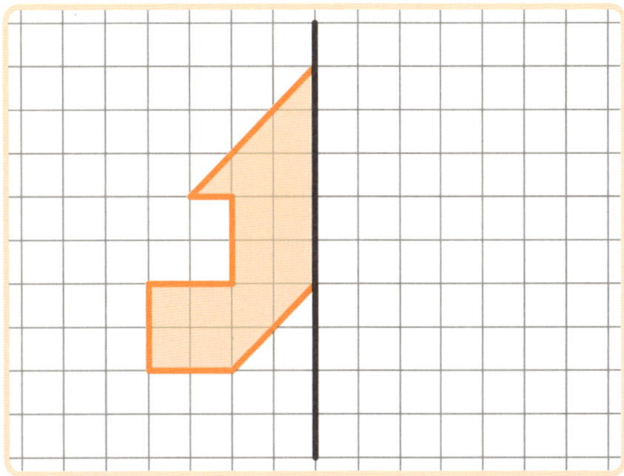

b)

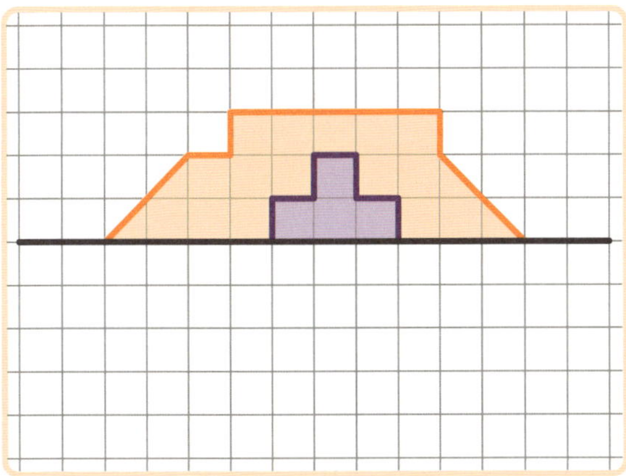

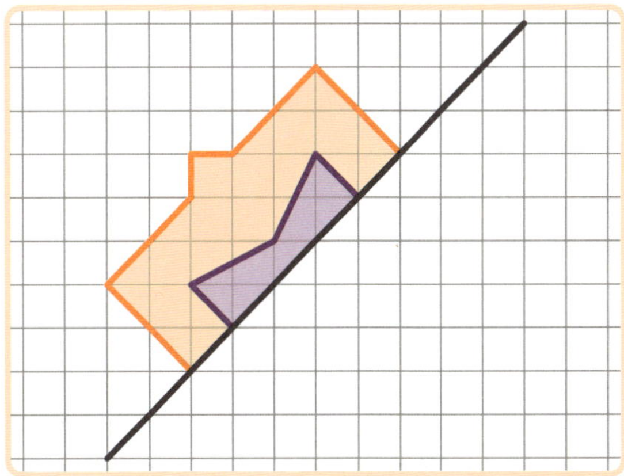

3 Zeichne eigene symmetrische Figuren.

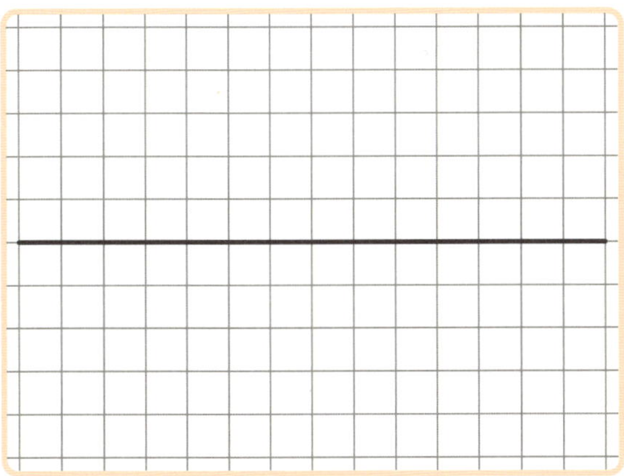

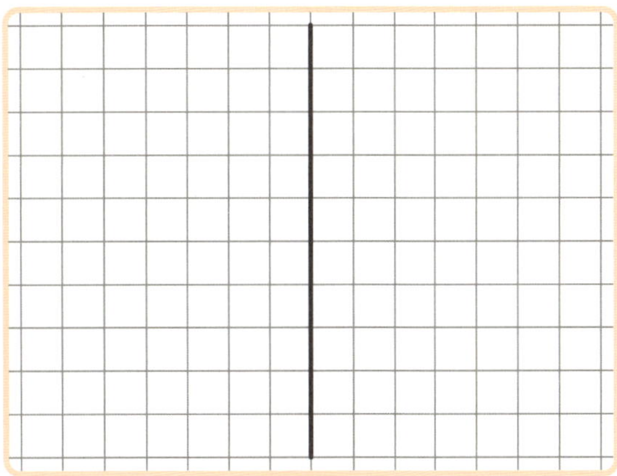

* symmetrische Muster und Figuren legen
* Figuren auf Karoraster symmetrisch ergänzen
* eigene symmetrische Figuren an vorgegebenen Symmetrieachsen zeichnen

D 17 ÜH 11 AH 19

6 Figuren symmetrisch ergänzen (2)

1 Finde immer zwei Fehler und kreise sie ein.

a)

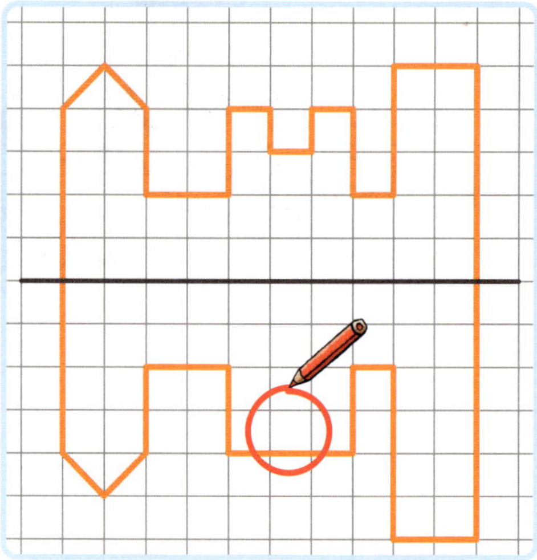

b)

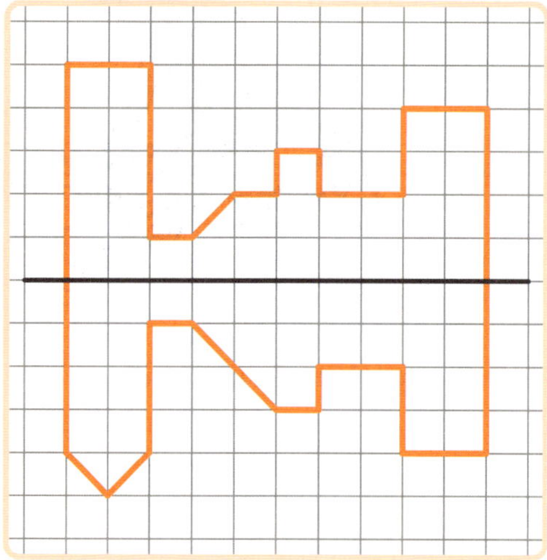

c)

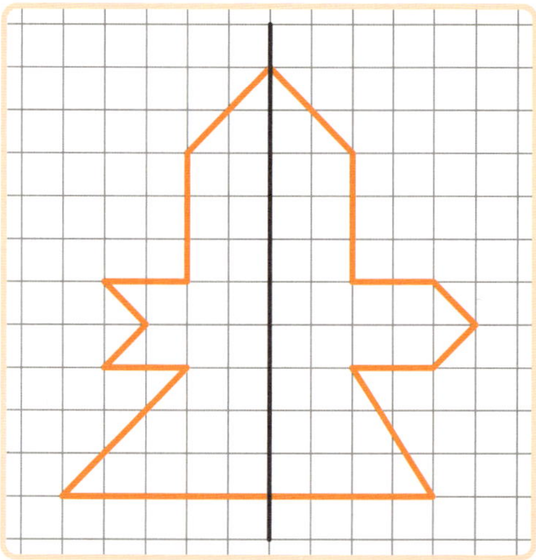

d)

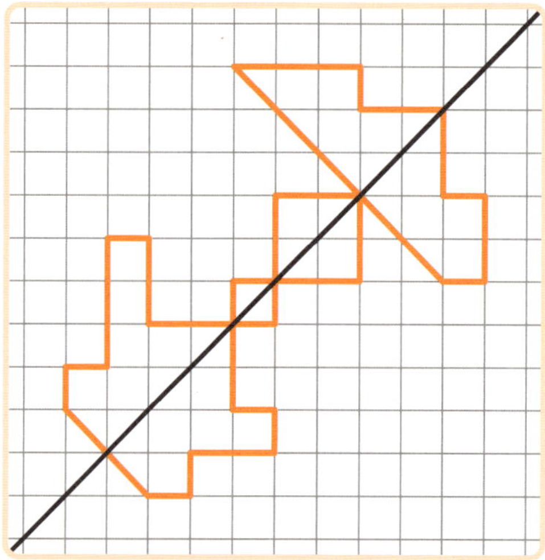

2 Spiegle die Figur erst nach rechts und dann die gesamte Figur nach unten.

a)

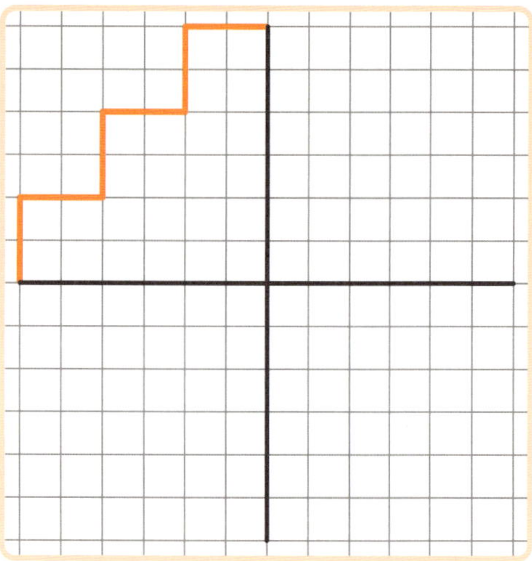

b)

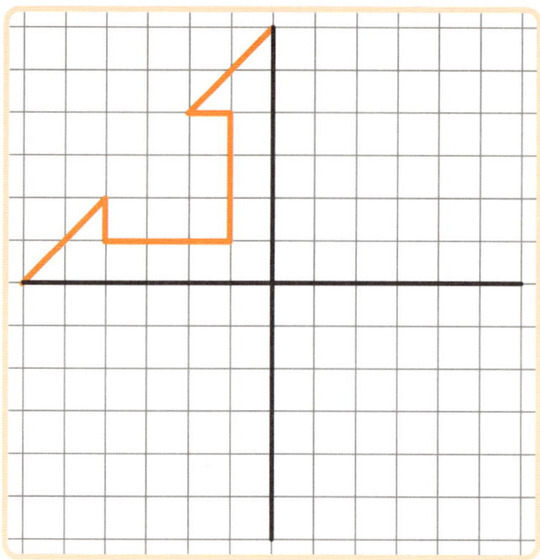

* Fehler im Spiegelbild erkennen
* Figuren auf Karoraster sowohl horizontal als auch vertikal symmetrisch ergänzen

Einstern 2

Themenheft 1

- Die Zahlen bis 100
- Muster, Reihen, Wege
- Sachaufgaben Teil 1
- Symmetrie

Erarbeitet von: Roland Bauer und Jutta Maurach
Redaktion: Sophie Arndt, Agnetha Heidtmann, Friederike Thomas
Illustration: Yo Rühmer
Grafiken (Scheine und Münzen): Christine Wächter
Umschlaggestaltung: Cornelia Gründer, agentur corngreen, Leipzig
Layout und technische Umsetzung: lernsatz.de
Bildquellen: **S. 7 50-Euro-Schein:** Cornelsen/Christine Wächter/Deutsche Bundesbank. **10-Cent-Münzen-Wertseite:** Cornelsen/Christine Wächter/Deutsche Bundesbank/Luc Luycx aus Belgien.

Begleitmaterialien für Lernende der zweiten Klasse

Einstern 2 Paket Leihmaterial	978-3-06-084773-0
Einstern 2 Paket Verbrauchsmaterial	978-3-06-084735-8
Einstern 2 *leicht gemacht* Paket Verbrauchsmaterial	978-3-06-084741-9
Arbeitsheft	978-3-06-084758-7
Übungssternchen	978-3-06-084732-7
BigBook	978-3-06-084796-9
BuchTaucher-App	978-3-06-084762-4
Interaktive Übungen	978-3-06-084767-9
GrundschulTrainer-App	978-3-06-084449-4

Deine **interaktiven Gratis-Übungen** findest du hier:

1. Gehe auf scook.de.
2. Gib den unten stehenden Zugangscode in die Box ein.
3. Hab viel Spaß mit deinen Gratis-Übungen.

Dein Zugangscode auf www.scook.de | fgocr-n465g

www.cornelsen.de

1. Auflage, 1. Druck 2021

Alle Drucke dieser Auflage sind inhaltlich unverändert und können im Unterricht nebeneinander verwendet werden.

Druck: Athesiadruck GmbH

ISBN 978-3-06-084707-5
ISBN 978-3-06-084747-1 (Themenhefte 1–4 und Diagnose-Sternchen als E-Book)

PEFC
PEFC/18-31-166

PEFC zertifiziert
Dieses Produkt stammt aus nachhaltig bewirtschafteten Wäldern und kontrollierten Quellen.
www.pefc.de

Vorschläge für Plenumsphasen zum vertiefenden Erwerb prozessbezogener Kompetenzen

S. 5 Kinder präsentieren selbst gefundene Beispiele zur Anzahl 100 (Bilder, Fotos und zusammengestellte reale Dinge) (→BigBook: Seite 1)

S. 14 von den Kindern zu Anzahlen bis 100 zusammengestellte Mengen (z. B. Perlen, Büroklammern, Steckwürfel, Bonbons, …) schätzen und zählen; unterschiedliche Schätz- und Zählstrategien vorstellen, vergleichen und bewerten

S. 15 Kinder bilden aus Zahlkärtchen mit Zehnerzahlen und Einern zweistellige Zahlen, notieren und benennen diese und beschreiben Unterschiede zwischen Schreib- und Sprechweise; Begegnungssprachen und ggf. nichtdeutsche Muttersprachen der Kinder aufgreifen und Unterschiede bewusst machen

S. 16 Kinder stellen ihre selbst verfassten Zahlenrätsel vor, andere Kinder lösen diese und beschreiben ihre Vorgehensweisen bei der Lösungsfindung

S. 17 Kinder stellen ihre aus Ziffernkarten gebildeten Zahlen vor, sie beschreiben und vergleichen ihre Vorgehensweisen beim Finden möglichst aller Möglichkeiten

S. 22 Kinder orientieren sich auf einem Lageplan und beschreiben den Verlauf von Wegen mithilfe von Lagebegriffen, dabei wechseln sie auch die Position des Betrachters

S. 23 Kinder gehen auch im Klassenraum oder auf dem Schulhof Wege nach mündlichen Vorgaben, sie benennen auch Kriterien guter Wegbeschreibungen (→BigBook: Seite 2)

S. 24 Kinder beschreiben die Anordnung der Zahlen in der Hundertertafel (Zeilen und Spalten) (→BigBook: Seite 3)

S. 34 Kinder stellen ihre Vorgehensweisen beim Lösen einer Fermi-Aufgabe vor, vergleichen und bewerten diese (→BigBook: Seite 4)

S. 38/39/40 Kinder stellen die Ergebnisse ihrer durchgeführten Befragung vor (S. 40 →BigBook: Seite 5)

S. 42 Kinder präsentieren weitere symmetrische Figuren aus dem Lebensumfeld und beschreiben dabei die Eigenschaft „symmetrisch“ (→BigBook: Seite 6)

Vorschläge für die Förderung von Medienkompetenz

S. 5 Kinder fotografieren Beispiele zur Anzahl 100 oder schneiden aus Werbeprospekten Abbildungen aus

S. 18/20 Kinder gestalten Reihen/Muster am PC: z. B. Reihen aus Buchstaben oder Zahlen bzw. Reihen oder Muster mithilfe eines Zeichenprogramms

S. 22/23/27 Kinder übertragen Befehlspfeile in Wegbeschreibungen und umgekehrt; sie lernen so eine einfache Symbolsprache kennen, wie sie auch beim Umgang mit digitalen Medien wichtig ist; Kinder programmieren Wege/Bewegungen am PC

S. 40 Kinder machen eine Umfrage zu ihrem Lieblingsobst, bereiten die Ergebnisse (digital) auf und stellen sie vor; sie vergleichen Darstellungen in Strichlisten, Säulen- und Balkendiagramm, beschreiben Besonderheiten bzw. Vor- und Nachteile der einzelnen Darstellungsformen und überlegen ggf., wo sie die verschiedenen Diagramme im Alltag schon gesehen haben

S. 43 Kinder zeichnen oder fotografieren und präsentieren symmetrische Figuren aus dem Lebensumfeld

Synopse zu den Medienkompetenzbereichen

Suchen, Verarbeiten und Aufbewahren	S. 5, 34–41, 43
Produzieren und Präsentieren	S. 5, 34, 38, 39, 40, 41, 43
Problemlösen und Handeln	S. 18, 20, 22, 23, 27, 40